ひぐちにちほ

ウチのパグは猫である。3.

ぶんか社

はじめに

ナゼ
ムダにかわいく
お届けしているのかと
いいますと
3巻は
1話目から
ウ●コの話
なんですよ
ワタシも担当サンも
大好キーネタなもんで
スミマセン
なので
お目汚し前の
ウンクッションにと
思いまして…
とにかく
3巻も
楽しんで
いただけたら
幸いです
どうぞよろしく
お願いし…
ます☆

もくじ

ウチのパグは猫である。3.

はじめに 2
その1. お茶目のシコメッセージ 5
その2. いらっしゃいませ3兄妹★ 11
その3. ㊒りマユのゴルゴ 17
その4. ウチの子ファーストですが何か? 23
その5. てんちゃんがやってきた! 29
その6. 雷怖いはじめました 35
その7. Love❤お茶目パイセン 41
その8. 甘えん坊しかおりません! 47
その9. お茶目の特殊才能!? 53
その10. マユ毛、バトンタッチ! 59
その11. わが家の天才たちよ 65
その12. 厄介なのである! 71
その13. ワタシの夢を聞いてください 77
その14. シミュレーションはできている 83
その15. 魔性の女でございます 89
その16. そういえば猫だった 95
その17. 再・「もしも」の話をしてみようか 101
その18. ジュニアがシニアへ… 107
その19. イマドキの犬猫はっ 113
その20. シニアってなんのこと? 119
その21. ひぐち家冬の風物詩 125
その22. 縁起がいい日❤ 131
その23. 変顔フェスティバル 137
その24. 似ちゃうよね～ 143
その25. ザワつかせてスミマセン 149
ひぐちにちほ×PUG STYLE店主 ヨウイチ パグLove対談 155
あとがき 159
ひぐち家のゆかいな仲間たち写真館 161

今回は大好評の（作者と担当サンに）
お食事中の方スミマセン
お茶目のンコ文字シリーズ第2弾である
※第1弾は2巻のその12にて☆
2021年に入りお茶目のンコがメッセージ性を強めてきた
んー、
1週間分のンコ文字がコレ
ハノ日 母ィ
し
ビックリマーク!!
「母の日ゲイ!」って何!?
その1. お茶目のンコメッセージ

お茶目は
ウ○コで
何か伝えようと
してるんじゃない？
?
どこかの金庫の
パスワードとか？
コロナを
壊滅させる
ヒントとか!!
じー
割とマジで
ひょっとして
世界を救うのは
お茶目のンコ
なんじゃない!?
そんな
ワケで
んーーっ
今日は
月曜だけど
「火」…
意味深だ…
トッ
ツー
トッ
スマホにメモ
お茶目っこの
ンコ日記を
つけることに
した

猫トイレ
ザク
ザク
今日は「y」か…
おっ どれどれ
出たよ――
――って 誰!?
猫たちも参加してきた
こっ これは…っ
普通の「う」ではない……
これは……

鰻屋の「う」ですよねっお茶目先生!!
どやぁ
どういう意味ですか!!
そろそろ答え教えてくださいっ
?
どやぁ
何これ読めない…
けど
じーっ
なんか見たことある…
はっ

カブトガニだ!!
ますますわからん…っ
しかもドヤ顔…
んふー
次の日!
次の次の日
次の次の次の
どれも読めそうで読めないいっ
もやっ
っしゃー!!
どうしたお茶目っ
ンコ文字で地球を救うんじゃないのか!?

んっ
んっ
んーーーっ
リもリもリもリもり
あああっ
あ
いいですか
キミたち〜
ハイ
注目〜
人と人は〜
支え合ってる
から〜
カッ
カッ
「人」
なんです!!
ド
ん
ホ…
ホントだ…っ
支え合って
立ってる!!
フフフ✧
今日も
お茶目の
ンコに翻弄される飼い主で
あった

最近
朝から
疲れてます
ヨボ ヨボ
オハヨー…
メシ
なので
夜もはやく
寝るのですが
オヤスミー…
フラ
フラ
ぐー

その2. いらっしゃいませ3兄妹★

ドドドド
やっぱり
あれですね
質の良い睡眠って
大事ですね
………
バリバリバリ

え？この子たちですか？
ドタ
ドルルル
バタ
これはあれですよ
※単行本２巻のその25参照
以前※里親募集していた子猫の…
バリバリバリバリ
あそこって登れるんだー
へ――…
痛い痛いっ
コラっアンタたち…っ
バッ
布団の中でプロレスごっこやめて!!
ブーフーウー３兄妹☆

数日前
なんやかんやで
みんな――
新しい仲間だよ☆
ボク♂
風ちゃん♀
雨ちゃん♀
ひぐち家に3兄妹が仲間入り
6年前の新入りはホラ、パグだから
猫の新入りは10年ぶりの先輩ニャンコチームは…
ん？
シャー!?
こっこんなカンジだっけ？？
え、だっけ？？
迎え方を忘れてしまったらしい
シ…
シャーーッ

福ちゃんどう？
初めての後輩だよっ猫では
ちがう、後輩じゃない……
え？
福の子供たちです
ちょーカワイイ
ママ
がしっ
よ、よかったね
6kg
かわいいかわいい
べ
べ

うおおおーー
動きが妙っ!!
引いてる
ぐね
ぐね
ぐね
福ちゃんが子供たちにいいところ見せようとしてめちゃめちゃ遊んでる!!
ママあそぼーー♡
オッケー☆
どどどど
ママあそぼーー♡
オッケーー
どどどどどど
ママあそぼーー♡
オ、オッケー
どどどどどどど
そして個別鬼ごっこ!!
まとめて相手すればいいものを!!
――からのオールナイトフィーバー☆
どすん
どすん
だだだ
ずどどどどどど

福ちゃん
スゴく
疲れてない？
んなーん
あ、息子が呼んでる♥

せめて
夜くらい
ゆっくり寝て!!
寝室は
封鎖します!!
え〜

そんなワケで
だんっ
バリ
バリ
バリ
ニャー
ドスコイ
ドスコイ
どどどどどど
びりっ
ぶっ
はやく
昼型の生活に
なってくれることを
切に願うのでした

お茶目はと
いうと…

もじ
もじ
え〜
絶賛
猫見知り中
意外っ

がじ　がじ
その3. 困りマユのゴルゴ
最近お茶目が困っている
どうした?
ヤクルト

ゴハーン!!
どす
どす
どす
新入り――!!
どどどどどどど
――っていうか
やってること
いつもと一緒じゃんっ
全然困って
ないよね!?
わかった――
!!!
くぬっ

ゴルゴマユ
だったのが
いつの間にか
困りマユに
なってる!!
アハ体験!?
じわ〜〜っ
そうか〜
最近
女の子らしい
顔になったと
思ったのは
そういうことか
じゃあさっ
今まで
似合わないと思って
着せてなかった
かわいい系の服も
イケるんじゃない?
すぽっ
きゅん♥

激かわ♡
ブー
じっ
じゃあ
これは!?
ハァ♥
ハァ♥
?
じゃん
いちご大ネキ
うるんっ

ゴルゴマユの時だって十分かわいかったのに…っ
ハァ
ハァ
困りマユでさらに爆上がりってこれ以上どうすりゃいいの？
たたた
ブ？
おーっふふ♡
ホラかわいいい♡
ずいっ
フゴフゴ
あっ天使♡
じーー
ん〜〜っ
ギャボババババ♡
←謙になららない
カショショショショショショ
ダメだっシャッター押す指が止まらない…っ♡♡
たんっ

はよ いちご 食わせろや
コルァ
困りマユになっても中身はゴルゴだった…
スイマセン…
ガッ
イタッ
指も食べた

その4. ウチの子ファーストですが何か？

仕事
1ミリも
できません
仕事道具
しかし
よほどのことが
ない限り
どかしません
よほどのことなんじゃ…
明日〆切
……
こういう
場合も
命の危険を
感じない限り
どかしません
ん～？

これですか?
コロコロコロ
モチロン
どかしま
せんよ
ふぅ…
そろそろパンツはきたいな…
コロコロコロ
コロコロ
どいてくれるまで
そう
ひぐち家は
ウチの子
ファースト
なのです
さて いよいよ
締め切りが
危うくなってきた
白い原稿
でもその前に
つまらなそうな
お茶目を
なんとかしなくては
お茶目っ
トーさん
カーさんのところに
さんぽいこうかっ
ぱあああっ
実家大好き

トーさん♫
カーさん♫
わく♫
わく♪
わく♫
わく
あれっ
留守だ
し…ん
トーさん♡
カーさん♡
わく
わく
わく
この
笑顔
どうしよう…
い…っ
苺!!!
家に帰って
苺食べようっ
ムギョー!!!
たしか
妹から
もらったのが
あったハズ…
いちごおおおおおおお

ガラッ
ない!!
冷蔵庫
ああっ今年一番のいい笑顔!!
にこーーっ
ピロン
ピロン
立てつづけに「原稿できましたか」メールが!!
これは…
これは…っ

びゅんっ
苺買いにいくしかないでしょー!!
ハァ
ハァ
く～～っ
うま～
ふぅ
さてと…
そんなワケでまだ仕事できてません…
おかわりっ
フンッ
がぶー
ゴロゴロゴロ

実家のもー君が透明になって2年
母がエアドッグをなでまくりはじめた
あー
犬さわりたい
抱きたい～♡
なで～り
なで～り
そんな時
フレブルの保護犬里親募集してるけどどう？
親戚から
その5.
てんちゃんがやってきた！
命名『満天』女子。6さい
きちゃった♡

ブリーダーからのレスキューで保護団体へ
ずっと狭いケージに入れられて
ひたすら子供を産んで
目もぼんやりとしか機能してなくて
座りっぱなしで座りダコいっぱい
筋力もないからちゃんと歩けない
てんちゃんよくガンバったね!!
かわいそうだったね!!
おいで!!
ギュイーン

どん
ぱう ぱう ぱう
猫はダメかー!!
でも吠える声は迫力ないなぁ…
えー
えー。
ウェイ
実家のオウム
花丸くんの鳴き声

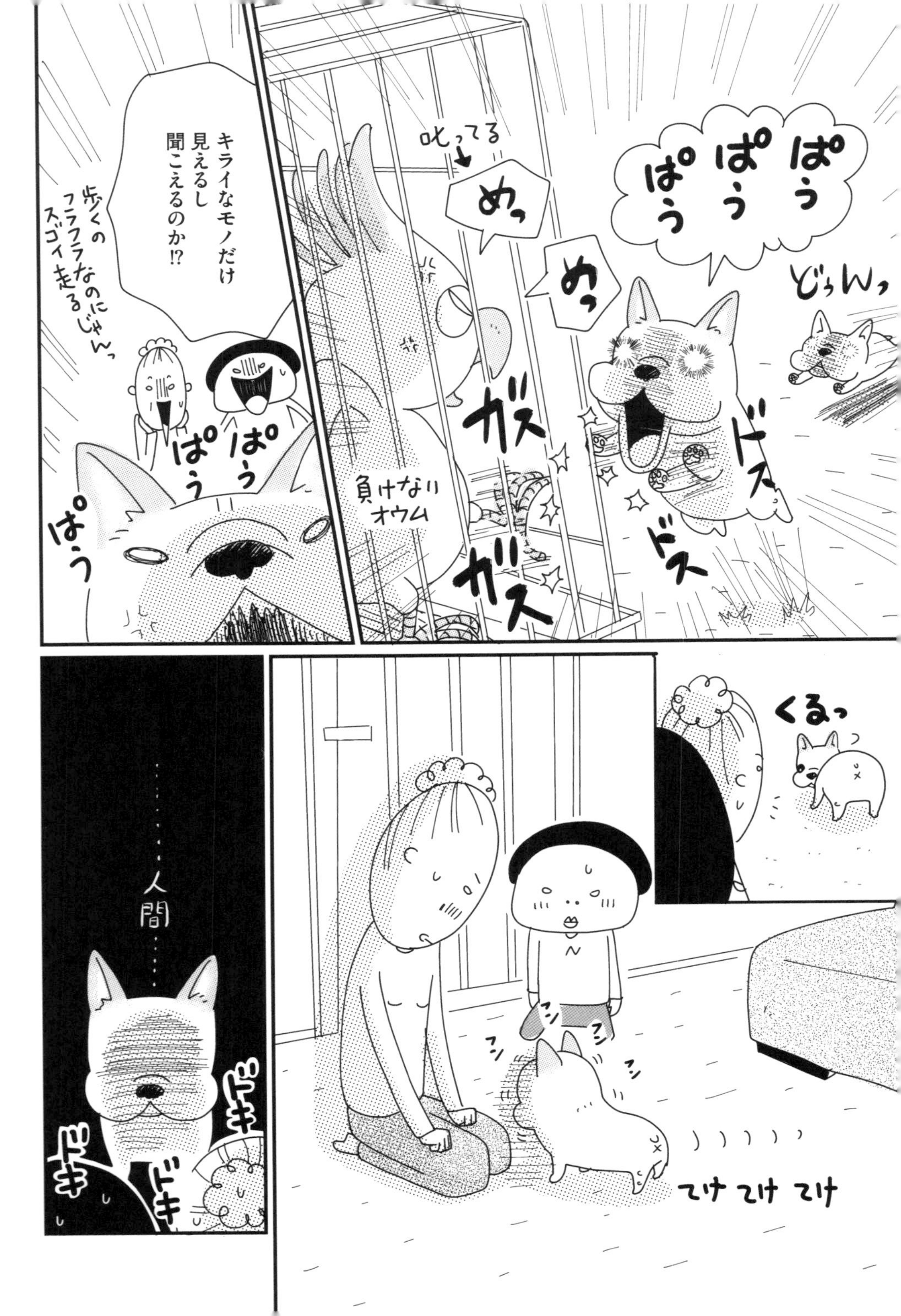
ぱう ぱう ぱう
どぅんっ
叱ってる
めっ
めっ
ガス
ガス
ドス
ドス
負けないオウム
キライなモノだけ
見えるし
聞こえるのか!?
歩くの
フラフラなのに
スゴイ走るじゃんっ
ぱう
ぱう
ぱう
くるっ
フン
フン
フン
フン
てけてけ てけ
……人間……
ドキ
ドキ
ドキ

ありがとう
てんちゃん!!
これからは
楽しく暮らそうね!!
人間はスキー
大スキー
問題は
猫か…
まぁじょじょに
慣れてくれ
たら…
それと
もうひとりっ
ホラ
てんちゃん
同じ6歳の
女の子の
お茶目だよっ
よろしくねっ
なんかいる…
うす目
別に
犬にキョーミないし…
・・・・・

ジーー
距離感…

ゴゴゴゴゴ
ん？
地鳴り？

LOVE
どぅんっ

なんか
もー君を
思い出すねェ
おーちゃーめー

ヨカッタ
ヨカッタ
アレ？
お茶目は猫がスキなんだしっ

ゴロゴロゴロゴロ
雷に対して
いろんなタイプの
ワンコの話を
聞くけれど
しがみついて離れない子
怖くて吐いちゃう子
ゲロリ〜
平気で寝てる子
ぐー
脱走しちゃう子
チビの頃の
お茶目は
ゴロゴロゴロ
その6. 雷怖いはじめました
ぱう
ぱう
ぱう
ぱう
雷に
ケンカを売る
タイプであった

ゴロゴロ
ゴロゴロ
ぱう ぱう ぱう
だだだだだ
勝った!!
おっあっ
そうなんだっ
スゴーイ(棒)
パチ パチ パチ
それから
6年間
お茶目はずっと
雷と戦って
きたのである
ゴロ
ばう ばう ばう
ゴロゴロ
ゴ〜
WINNER!!
スゴーイ(棒)
パチ パチ
ゴロゴロ
先日
打ち合わせで
お茶目ちゃんて
雷どうですか?
全然平気で
雷にケンカ売って
ますよ
あはは
まー
なんて
話していたら

ゴロゴロゴロゴロ
おっ 雷？
なーん
お茶目っ 雷だよっ やっつけなきゃ
なーん
あれ？ お茶目？
お茶目 どこ!?
え～～～？ この狭い家で 見つからない ってどういう こと…
！
お茶目用 スロープ

お茶目っ
こんな狭いところで
何やってんの？
別にっ
ゴロゴロゴロ
えっ
アンタ
もしや…
雷怖い
デビュー
しちゃったの⁉
犬っぽーい

もぞ
もぞ
は？
そんなワケないし
お茶目あんなヤッ
ぜんぜんアレだし
こっ今度来たら
マジでアレだからっ
あー忙し忙し
挙動不審がスゴイよっ
何キッカケでそんなに怖くなっちゃったの⁉
ホリ
ホリ
ホリ
？
大丈夫だよお茶目
そ…っ

みんな
一緒だから
怖くないいよ♡
ピカッ
ゴロゴロゴロゴロ
ダメじゃん!!
鳴ってんじゃん!!
盛大にっ
耳→
あらー
ちっ
もういいっ!!
自分でなんとかする!!
耳→
しっぽたら〜ん
そんなワケで
6歳にして
雷怖い
はじめました
ニャンズは平気

実家の天使になったもー君は
ゴキゲンな時タテ揺れでリズム刻む子だったけど
ズチャ♪
ズチャ
Yo★
ズチャ♪
ズチャ
Yo★
♪
ラ〜ラ〜♪
ララララ〜♪
その7. Love♥お茶目パイセン
お茶目〜ラララ〜♪
てんちゃんは横揺れなのね？
そしててんちゃんもお茶目のことが大好きである

朝
じー
正座
ガチャ
ダッ
オハヨー
ああ
お茶目 オハヨー♡
ス
カーさん
オハヨー♡
ゴメン…
お茶目っ
てんちゃんが
待ってるよっ
ラ〜ラ〜
ララ〜
あれ？
カーさん♡
カーさん♡
完全なる
片思い
もー君もだったけど

そっちね ー!!
だ
だ だ だ だ
すっ
トーさん オハヨー
どどどど
お茶目ー
華麗なるスルー
も一君もだったけど
でででで
今度こそ
はあああああ
さすがです
パイセン!!!
なにが!?
母
キュウリよ〜〜
イエーイ☆
どどどどど
イエーイ☆
でででで

ばくっ
オラオラオラー
ハイ てんちゃんも
ぱくっ
オラ オラ オラー
どどどど
おかわりー!!
わりー!!
でででで
オラー
オラオラー
でででで
どどどど

おケツ
プリッ
ボリ
ボリ
歯がないから
もた
もた
ゲフン
おケツ
プリ
ポリ
ポリ
ばくん
お茶目に
完コピの後輩が
できた…
完コピってなに!?
あっ
お茶目っ
てんちゃんの分
食べちゃ
ダメでしょ!!
ラ〜ラ〜
ラララ〜
このタイミングで
ナゼ横揺れ!?
?
?

なんだろ…
怒ってるのかな…？
読めないっ
ラ〜ラ〜 ラララ〜♪
と
とりあえず
謝っておこうか
お茶目っ
じっ
近
ご、ご、ごめ…
さすがです！パイセン
なにが!?
まだナゾだらけの
てんちゃんだけど
お茶目を
好きなのは
たしからしい
?
ララ〜♪

お茶目は
だだだだだだだだだ
どーんっ
がぶっ
その8. 甘えん坊しかおりません!
どすっどすっ
ガッ
ゴッ
ガフンッ
だっこ♥
なでこ〜♥
激しめの
甘えん坊である

もうヤメテ!!
痛いって…
ホラ～
痛いでしょ?
どうした
ぶんちゃん
あわてて
どんっ
もみ
もみ
もみ
もみ
もみ

ゴロゴロゴロゴロ♥
なんで今？
不要不急の甘えん坊
もみもみ
ちらっ
ちらっ
ちらっ
はっ
!?
ヤダちょっと!!
こんなところにかわいい姉妹がっ♡
何これかわいすぎる〜〜っ♡
ゴロゴロゴロ
気を使わせる甘えん坊ズ
そして甘えモードでヨダレたれるズ
スコースコー
だらだら
だらだら
サクッ
痛っ!!
ちょっと多喜ちゃんツメ刺さっ…

すり〜〜♥
…て…
甘え上手
……んも〜♡
スリスリ〜♥
えーーと雨ちゃんだね
甘え方が特殊
ゴロゴロゴロゴロ
あかーん

ドッ
ぐふっ!!
6.7kg
あかんのはボクちゃんだよ!!
重いっ
全体重で甘えてこないでっ
んー〜?
声デカイよっ
じっ
!
んー〜?
んー〜?
風(ふう)ちゃんどうした?
うるさいっ
ぽすんっ♡
ブッ

んも〜〜〜っ
よしよしよしっ♡
甘えさせ
上手
さて
今日も全員
甘えたかな？
ふぅ
そんじゃ
オヤスミ〜
おフトゥ〜ン…♡
かぷ
甘えがみ魔
残ってた
そんなワケで
なんやかんや
ひぐち家は
甘えん坊だらけ
である

たたたたたた
お茶目が
退屈になると
標的にするのが
たんッ
その9. お茶目の特殊才能!?
福ちゃん
である
あそべーー!!
ボンッ

ここで注目してほしいのが前ページの1コマ目
リプレイ
親分
スッ
親分と福ちゃんを見わけているということである!!
ふくー!!
どしおーん
スルー
からっ
飼い主だって悩むことがあるのに
右が福…イヤぶん?
どうやって見わけてるの?お茶目
あ?

そんなお茶目が最近ハマっているのが
雨ちゃんである
なんで？
まゆ毛つながり？
ダッ
ダッ
ぷり
ぷり
ぷりぷりー
バッ
バッ
ダバ
ダバ
ダバ
ダバ

ヤーッ
フ
三毛姉妹が並んだ!!
これも見わけ難易度高いぞ!!
姉妹の風ちゃん
ダッ
風ちゃんに目もくれず!!
どんっ
あー
めー

ひょこっ
ちがうっ
ひょこっ
似てるし
風ちゃんでも
よくない？
なぜ雨ちゃん狙いなの…
コイツじゃ
なぁぁ～！！
コレ！！
ちがう
ちがう
ちがう
ちがう
ちがう
ちがう
ちがう
あめちゃ――ん
あーそーぼー

びよ〜ん
んキャー!!
ひーーん
やーー
ズルイーー
跳んだーー
反則ーーっ
だん
だんっ
だん
イヤイヤ
だって雨ちゃんは
猫だから
すごい
くやしがりよう・・・
へっ?
…うん
お茶目も
猫だけどね
え?
猫を見わける才能は
バツグンなパグなのでした

ド
チビの頃
それはもう
立派なマユ毛だった
お茶目
年を重ねるにつれ
だんだん
薄くなり
やってるコトは
変わらない
けど
その10. マユ毛、
バトンタッチ！
とうとう…
お茶目
マユ毛
消滅したね

物足りない…
これじゃただのかわいいパグじゃないか…
きゅるん
そんなある日…
バババーン
ババン
マユ毛スゴッ!!!

キャッ
キャッ
ちゃ
ちゃ
ちゃ
マユ毛が立派すぎるのに子猫っていうギャップ!!
しかも女の子だしっ 三毛だから
てててててて
よーしっ キミの名前は「マユ毛」ちゃんだ!!
必然的にあなたは「マユなし」ちゃんっ
?
?
猫は見たままの名前をつけるのがひぐち流
キミは「ハナ黒」くん!!
——って いうか

ナゼ
ウチの庭に
いるの!?
じゃ!!
この時は
思いもしなかった
のである
この
3兄妹が
ひぐち家の
一員になる
ことを
マユ毛ちゃん
↓
雨ちゃん
マユなしちゃん
↓
風ちゃん
ハナ黒くん
↓
木ちゃん
見ニャいフリ

ただ見てるだけなのにボスオーラスゴイ…!!
ラスボスの水玉が引いてるっ
ニャ…
ニャによっっ
じー
だだだだ
だだだだ
などなんと…っ
どどどどどどど

追われているのは
雨ちゃんなのに
攻めてる感ある!!
どどどどど
マユ毛って
スゴイな
……
ギュルルルル
ブホホホ
マユ毛
なくなっても
お茶目も
迫力ある
けどね…

ムチ
冬の寒さがハンパじゃないので
ムチ
その11. わが家の天才たちよ
オシャレより
防寒重視のさんぽである
パン
パン

あらっ
腹巻きっ
あはは
似合いすぎて
恥ずかしいより
もはや
自慢である
ぶしゅんっ
ズビー
あ゛ー
いいと
思います!!

腹巻きに
鼻水の組み合わせ
最高じゃん
わかってて
やってるのかなあ
フガ
フガ
ゴッ
あ…
にこ
にこ
くら
くら
ツルッ
すってん
コロリ～ン☆
アワワワワワワ
つる
つる
つる
つる
つる
ちょっと
待って
お茶目…っ

ズヘッ
ぷはーーっ
ぼふっ
ひとりで
最高のコント
繰り広げないで!!!
あぁ
世界中に
自慢したい…っ
ウチには
天才がいます♡
ちきゅう
?

!?
ヨダレ
ヨダレ
ゴミ
葉っぱ
手が短くて
腕まくりすぎの袖
天才が
ここにも
いた…
人間の子供用
腹巻き
スカートみたいで
かわいいでしょ♡
てんちゃん
スゴイねー
いろんなイミで
くるっ

ねろ〜〜ん
わあ…っ
キレイな
ヨダレの
ネックレス♡
クリスタル？
ダイヤ？
冬のさんぽは
最強のコンビ
なのでした

すぴー…
zzz
最近
お茶目が
厄介(やっかい)になってきた
そろそろ
さんぽいかなきゃ
お茶目
服着るの
キライだから
気づかれない
ように準備せねば
コト
♪
フンフフ〜ン
ハァ〜ン
ンン〜ン
服
その12. 厄介なのである!
バレテーラ
妙に
カンがいいので
ある
ペンを置く
さんぽ
敗因は
不自然なハナ歌

バレたら
仕方ない
さぁお茶目っ
服着て
さんぽいくよっ
どこ!?
ブフー
そこか
フッ
パグだな
スタスタ
あれ？
いない？？
隅っ
ぎゅうーうっ

くっ
絶妙に届かないところにいる…っ
ぬおおおっ!!
ぐぐー
ズリズリズリ
ハァハァ
さあ服着るよっ
ん? 着せられないナゼ……
ぐい
ぐい
めりっ
頭通さなきゃ着られないのわかってる!!
めりりりっ

ま
ムダな抵抗
だけどね
服着てるのも
さんぽもイヤじゃ
ないのに
ナゼあんなに
拒絶するのか…
車で
行こうね
くるま♥
ブロローーン
今日は
どこいこうか
昨日と違う
コースが
いいな〜
実家に寄って
てんちゃんと母も
一緒のさんぽ
了解〜〜〜
ぐー
ピヨ
ん?

ピョピョピョ〜
もうすぐ着くでしょっていってる!!
道わかるんか!!
同じコース帰るのイヤだっていってるけど一本道なのよねー
この散歩コース
行き止まり
大丈夫☆
ぐるっと回って
パクっと食べれば
ガブ
ぱくっ
お茶目てんちゃんボーロだよ♡
ピクッ
ホラっ違う景色に♡
ここはどこ？

わ〜
はじめての道
ホラっ
お茶目も
いこうっ
あはは
うふふ
イヤ、コレ
ただの
Uターンだし
ボーロ1個じゃ割りに合わないなぁ〜
え？
ここは
どこ？
最近
お茶目が
天才すぎて
厄介なので
あった
わかったよっ
ふう
ホラっ
？

その13. ワタシの夢を聞いてください

ハイ
まずは
ニラ・
キャベツ・ネギ
みじん切りね
トトトトトトトトト
みずたま
水玉
切るの
ウマ!!
しかも
ノールック
トトトトトトトト
お茶目
キャベツ
かじらなーい!!!
がぶ
がぶ
がぶ
ブーフーウーは
ニンニクと
しょうが
すりおろしね
びしっ

ひき肉
こねるのはー……
すっ
やっぱり
ぶんちゃんよねー
モミ男だもん
転がすんじゃなく
すりおろして!!
つっつっ
コロコロコロ
ニャパー
やけに
色っぽいけど
ま いっか!!
もみ
もみ
もみ
も～み
も～み
さて
次は……
ス～リ
ス～リ

味つけを福ちゃんお願い
調味料そろえてあるから
わちゃちゃちゃちゃ
おおざっぱ!!!
何入れた!?
まぁいいわ肝心の皮包み担当は決めてるの♡
うふふ
多喜ちゃん♡
アラッ
だって絶対上手だもんねっ
ヤダもー
恥ずかしいっ
ビューティフォー✧
そんニャそんニャ

じゃあ
お茶目が
焼いてみるか
あーん
生ッ
ナマ
食べちゃダメ!!
くん
くん
ジュ〜
はっ
しまった
最後に
ドジっ子
べっぴんを
残してしまった!!
頼まれ待ち
ワク
ワク
?
べ
べっぴん…
餃子お皿に
引っくり返して
盛りつける?
ムリしなくて
いいのよ?

ヤル気
マンマンだ!!
エプロンまでっ
I♡餃子
べ
べつに焼き色
見えなくても
いいから
ムリしないでね!?
せーの…
♡餃子
ホイッ
バラ
バラ
バラ
餃子
予想どおりすぎる
結末!!
お茶目
落ちた餃子
食べない!!
ブーフーウー
転がさない!!
やはり
妄想で
十分だな…
……フッ

2021年の
2月に続き
2022年の
3月も
ドドドドドドド
ん？
ぐらぐら
ぐらぐら
その14.
シミュレーションはできている
デカイのきた!!
ぐらぐら
ぐらぐら
ぐらぐら
ケータイの緊急地震速報オフにしてる
震度6の地震があった地域に住むひぐち家です

東日本大震災も
経験しているので
いざという時の
シミュレーションは
できている
猫は勝手に
逃げるから
大丈夫っ
だからまず
やることは…
ここまで およそ 0.5秒
ぐらぐら
ぐらぐら
ぐら
ガシャ
ガシャ
ムダに戦いを
挑んでいるパグの
確保!!
ヴ～
ぐらぐら
バウ
お前の仕業か～!!
バウ
バウ
ぐらぐら
そして
モノが落ちたり
倒れない場所で
収まるのを待つ!!
（ここまで3秒）
大丈夫よっ
ぐらぐら
ぐらぐら
ぐら

そういえば
東日本大震災の時は
ワンコチーム守ろうと
ガシャ
ここから
離れてーー!!
ガシャ
ひたすら
水屋箪笥(食器棚)
押さえてたなぁ
んん～?
?
ひゃ～～
ガシャ
ガシャ
あぶないので
やめましょう
(反省点)
先代
ワンコチーム
ぐら
ぐら
ぐら
ぐら
さすが大震災
経験チーム
安全な場所
わかってるねェ
ぐら
ぐら
多喜ちゃん
寝たまま!!
なっ
慣れすぎだろ…
(ここまで5秒)
そうだっ
大地震未経験の
ブーフーウーは!?
すやぁ…
ぐらぐら

大パニック
なのあ゛あ゛あ゛あ゛あ゛あ゛あ゛あ゛あ゛あ゛あ゛
だよねー!!
ぐら
どどどどどど
ぐら
あ!!
2階に逃げるなら納戸はダメよっ本が雪崩のように落ちるからっ!!ソファの毛布に潜るのよ!!
あ〜〜またライフライン止まるのかな…あっケータイ充電してないっ
ブゥ〜〜
水のストックは2箱あったハズ
そしてなんでお茶目は地震にケンカ売ってんのかなっ
この子たちのゴハン買い足しておいてよかった!!
おフロ中じゃなくてよかった!!
スピ〜
ぐら
多喜ちゃんマジでピクリとも動かず寝てるよねー
ぐら
車のガソリン満タンかな
10秒ぐらいで脳内めっちゃしゃべってた。

…は…
止まった…
は〜〜〜〜っ ビックリしたね〜
みんな無事ー？
あ〜〜〜 水入れ全部こぼれてビショビショだ
カク
カク
カク
カク
コワかったね〜
プル
プル
プル
大丈夫よー みんなっ
にっこり
ラフレシア
もう大丈夫
フル
フル
フキ
フキ
もうコワくなーい♡
フル
フル
フル
手汗びちゃー
そ…

そんな飼い主がコワイんですけど……
おいでフフフ…♥
プルプル
プルプル
逃
ハァ～ドキドキ
震度どのくらいだったんだろう…
プルプル
余震あるよね…仕事どころじゃないな…
ビクビク
でも寝られるかな…
スヤァ～
…
ん?
ぐっすり
スゴイな…
飼い主より全然大丈夫なゆかいな仲間たちであった

どどど どど
だだだだ
どふっ
がふっ

わははは一
ナニ この子〜
こんな お茶目ですが

その15. 魔性の女でございます
あらっ かわいい パグちゃん♡
外では モテモテで ある

こんにちはっ
あ、
えっと
あの…
もじ
もじ
あの
あの…
じわ
じわ
こんにちは〜♡
ぴと、
ぎゅんっ
え〜〜っ
かわいい♡
お名前は？
「お茶目」です
お茶目ちゃ〜ん
今日も
またひとり
落として
しまった

この戦法で
メロメロにした
畑のおじいさんが
いた
おじいさ〜ん
冬になり
畑が休みで
おじいさんと
会えなくなり
また春がきて
畑も再開
お茶目に会いたい
おじいさんとの
再会…♡
韻をふんでみた

だ…れ？？？
え!?
お茶目っ大好きなおじいちゃんでしょ!?
なんだー？忘れちゃったのか？
？
忘れちゃったのか…
行こっ
おじいさんごめんなさいっ!!!
あんなに大好きだったのにひどすぎない？
ん？

お茶目ちゃーん
キャベツー!!
ハァ
ハァ
お茶目ちゃんの姿
見つけたから
ハァ
ハァ
キャベツ
好きだもんねー♡
急いで
むしってきたよー
ハァ
わざわざ
スミマセン
かなり
遠くから
あ〜〜〜
かわいい
お茶目ちゃん♡
パリ
ポリ
あらー
キャベツ食べるの
この子
そうなのっ
お茶目ちゃん
キャベツ大好き
なのよねー♡♡
んじゃ苺も
食べるかい？

あら♡
ぴとん
苺好きなの？
ん〜〜
らっ来年はおばちゃんも苺植えるからっ
ねっお茶目ちゃんっ
ハイどうぞ♥
ブホ♥
お茶目ちゃんっ!!!
イロイロゴメンなさーい
忘れちまったのか……
実はとんでも魔性の女なお茶目なのであった

その16. そういえば猫だった

猫だねェ
顔むぎゅ
顔ゴシゴシ
ん〜猫ネコ♥
ハイ猫〜
ぴぎゃん
大黒柱
バリョバリョ
猫め――
トイレ
ザクザク
バラバラ
猫――っ
寝子〜
寝子ね〜♥
猫っ猫――っ
猫じゃん!!
香箱座り
しかも高い所スキ

猫ですが何か？
お茶目の猫化
進んでる!?
完ペキじゃんっ
んーっ
んーっ
ぴょん
ぴょん
あー
ハイハイ
上に乗りたい
のね
ハイ
ぴょーーん
やはり
しょせんは
犬だな
ヤッホー
でも
跳んでる(つもりの)
時のこの顔
風はトモダチ♡
これは…

スタン
くるっ
ドヤァァァ
ムフーー
スゴイね
お茶目っ
さすが猫っ
その気にさせちゃうよね――っ
ま、いっか
虫っ
カカカ
鳥っ
トン
トン
ま
かさ

お茶目も降りよー
ぴょん
アナタネコジャナーイ!! トブナ!! キケン
がしっ
ハァ
ハァ
ハァ
あ・・・
こういうコト察するの得意

CHU~RU
そうだっ ちゅ～る 食べようかっ
ちゅ～る
ハイ 水玉っ
ちゃ～る
ガツ
ハイ 多喜ちゃ♡
ちゃ
ドン
ガツ
くっ 離れないっ
ギリギリ
誰よりも ちゅ～る好きな お茶目は
やっぱり 猫なのかも しれない
ゲフ～ン
猫の食べ方じゃないケド

その17. 再・「もしも」の話をしてみようか

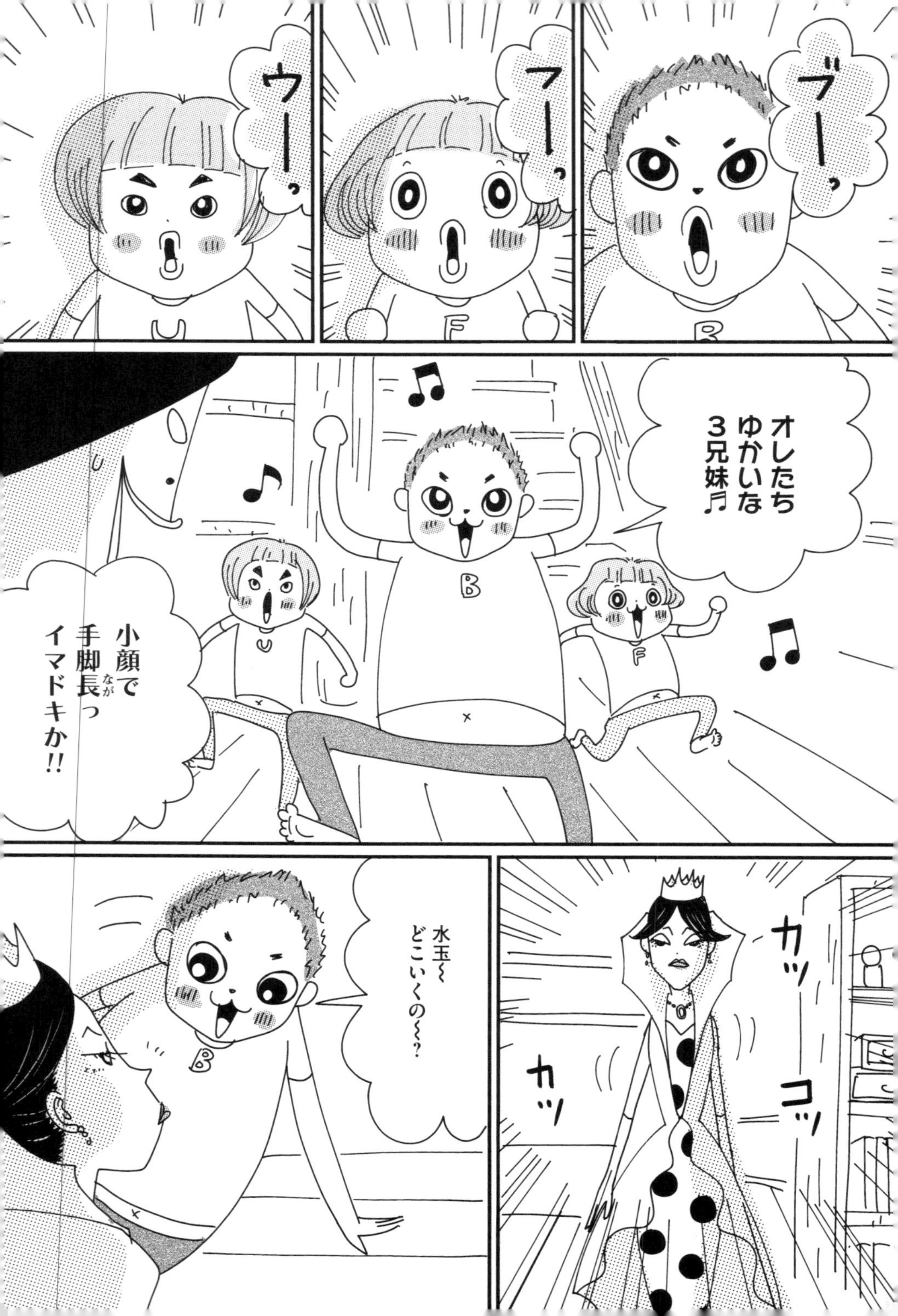
ウー、
フー、
ブー、
オレたち
ゆかいな
3兄妹♬
小顔で
手脚長っ
イマドキか!!
水玉～
どこいくの～～?
カッ
カッ
コッ

シャ
おどき!! 石にするわよ
何それ ウケるん だけどっ
み・ず・た・ま〜♫
水玉にそんな扱い……
令和ってスゲー…
コラっ やめニャさいっ
タキちゃー 遊ぼーー♫
フーちゃん 重いのよっ
多喜ちゃん!!

あのねェ
ブーフーウー!!
こう見えて
水玉 べっぴん
親分
多喜ちゃんは
80歳オーバーなのっ
労(いたわ)って
あげなきゃ
なんだよ!?
は〜い……
す ちゃっ☆
え、
福?
上等だ
かかって
こいやー!!
イエーイ♬
どどどどどどー

ヨボボ・・・
フ…
福も衰えたな…
あたりまえでしょっ福ちゃんだってもう還暦なんだからっ
ブー ブー
つまんなーい
3人で遊びなさいよっ
ぬっ
こいよ
くいっくいっ
お茶目!?
どんっ
じり
じり
じり
じり

どどどどどど
くるっ
ふはははは
わー♪
王手♥
お?
ズルイ〜
ワンツー
ワンツー
おなかすいたー
明喜ちゃーん
ニャンだって?
どどどどど
とにかく
ひぐち家に
新しい風
吹いてます
ホホホ
ハラペコー
まー
人間じゃ
なくても
やってること
同じだな

17年前
ひぐち城を建て
↑くわしくは単行本で♥
3カ月後に
水玉べっぴん姉妹を
迎えました
なー
生後4ヶ月
つまり
その18. ジュニアがシニアへ…
姉妹も
17歳に
なりました
はやいなぁ

猫の17歳って
人間だと
84歳かぁ
よいしょ
こらしょ
どっこいしょ
ふー
べっぴん見てると
そんな感じ
だなぁ
飼い主…
そこで
かがめ
よっこい…
?
…せっと
最近
踏み台係な
飼い主だし

そういえば
多喜ちゃんも
16～17歳だよね
耳も遠く
なっちゃったし…
?
モリモリ
食べるのに
ヤセてきちゃって
半分に
なっちゃって…
ぎ?
きゅうぅん
でも
そんな
多喜ちゃんも
愛し♡
あっ
ぶんちゃん
おなか空いた?
冷蔵庫の上
もう
ヤメテ～
ハイっ
ぶんちゃんの
スキなゴハン♡

いらニャ〜い
フイッ
え!?
いつもおいしくて泣きながら食べるヤツだよ!?
うみゃ〜
じゃあこれは?
イヤ
これ!?
ぷ〜ん
だったら食べなくていいよもうっ
プイッ
〜〜〜〜ってえないお年頃なんだよね〜〜〜っ
なんでもいいから食べて〜〜ヤセちゃう〜〜
おニャかすいた…
ぶんちゃんも15歳である
雨ちゃん食べちゃダメ〜〜
ぐ
みんなちゃんとシニアになっちゃうんだなぁ……
しんみり
たんっ

あっ そういえば 17歳な水玉!!
とんっ
ひらり
おおっ みんながダイレクトに跳べない場所に軽々と!!
つかまえるぞ☆
だんっ
びこ びこ びこ
やめなさい お茶目!! 水玉元気だけど おばあちゃんなんだよ!?
フンッ 小娘がっ

ザカザカザカザカ
オラララー
ホホホホホ
バババババ
ズドドドドドドド
スゴイ!! とても17歳とは思えない水玉!!
ズザザザー
ババババ
うおおおおお
――って いうか
お茶目も7歳
立派なシニアだったのでした
ホホホ
オラー
ドンドンドン
元気で何より

オハヨー♪
とととととと
ぴとっ
充電中のアイパッド

その19.
イマドキの犬猫はっ
令和猫だなっ
ゆーちゅーぶ観せて〜
風ちゃんは今ユーチューブに夢中である

ん!?
う!?
ぺしっ
今 この瞬間
ぴきゃん
誰よりも
ユーチューブを
満喫してるのは
ウチの風ちゃん
だと思う
パアン
仕事道具の
アイパッド
でもそろそろ
仕事させて
くれないかな
カキ
カキ
じー
ナニコレ
つまらんっ
漫画家に
つまらん
いわないいの

ぺしっ
んなんっ
iPad
ちょっ
ボクちゃん
いきなり何!?
え!?
何これっ
ネット
見ながら
原稿描ける
ようになってる!!
2画面
Goooooogle
どうやったの!?
つーか
この機能
今いらないいっ
戻して!!
あかーん
ユーチューブ
みせて〜
あかーん
戻し方
わからん〜
ぐぅ〜

腹時計がお昼をお知らせします。
くぅうぅうう〜
あっ
ゴハンの
時間だねっ
冷蔵庫あけて〜
ん〜〜っ
ハイハイ
キャベツとささみね
きゅふ〜ん
しゅたっ
ハイハイ
レンチン
するのね
今のうちに
水を
キレイに…
チーン
レンジ
温まったんですけど〜!!
はやくっ
だん
だん
電化製品の役割
把握しすぎ!!
まったく
イマドキの
犬猫はっ
ガッ
ガッ
ゴウン
ゴウン
!

あれ？今日洗濯してないのに洗濯機回ってる音が…
ゴウン
ゴウンゴウン
ドヤァァ
ゴウン
ゴウン
ゴウン
雨ちゃんっ
電源
スタートストップ
予約
まわしておきました
ゴウン
どうやって…っ
電源スイッチのあとスタートボタンを押さないと動かないのにっ
ゴウン
どうせだからちゃんと洗っちゃおう…
!
洗剤

なんか…
和むわぁ…
箱に猫♡
昭和の人間としては
りんごっ
まぁでも
ぴきゃんっ
ユーチューブー!!
今も昔も関係なく
みんな楽しそうで何よりである
ニャにそれ!!
ぴっ
りんご
なに—?
ぴきゃっ
あかーん
ズバーッ

数年前の写真を見ていたら
誰!?
その20. シニアってなんのこと？
1歳のお茶目だった
?
別人(犬)!!

毎日見てると
気づかなかったけど
お茶目の顔
白髪で白く
なったなぁ…
7歳といったら
シニア犬なんだ
もんねー
?
そういえば
昔は全然
寝ないで
遊びまくってた
けど
今は
寝るように
なっ………
ってな――い!!
ご〜ん
寝る子はいねェが―!!
どどどどどど
もう寝て〜〜〜
ガン
ガン
じたばた
じたばた

うと
うと――……
おでこのシワもなくなって仏様みたいな穏やかな顔だなぁ
やっと寝るか
うと
うと
うと
今のうちに猫たちにチュールを…
そういえば昔より体の張りも食欲も衰え………
カッ
てな――い!!
むちむちパンパーーン
だっ
どん
というかパワーアップしてる…っ
ぐぐぐぐぐ…
ベロ
ベロ
ベロ
チュール

さて
そろそろ
さんぽの
時間だ
そういえば
小さい頃から
ハーネス着けるの
イヤがってたけど
ホラ
さんぽだよー
それ
イヤ～ン
今は…
残像しか見えん

逃げ足の
プロだし
散歩なんて…
年々
スピードアップ
してるし
はっ
はっ
はっ
ただいま…
ぜー
ぜー
ちょっと
休けい……
だんっ

さて
ゴハンの
時間
ですよ☆
ぐ～～
どうやら
ヨボ
ヨボ
こっちだ
はやくっ
ぐるぐるぐる
台所
年をとって
衰えたのは
飼い主のほう
らしい
ゴッハーン
ゴッハーン
おかわりっ

その21. ひぐち家冬の風物詩

もはや
ひぐち家の
冬の風物詩と
なっている
この現象
……
ブーフーウーが
加わって
パワーアップ
しております
昼下がり
仕事は
シュラバだけど
ヒザの上はまだ
平和な飼い主
おじゃま
します～
おヒザ
第1号
多喜ちゃん
いいかしら？
脳内グラフ
カワイ～
〆切
ヤバイ
いいよ
いいよ～
のしっ

おヒザ
第2号
お茶目
じ〜
多喜ちゃんは
すぐ場所を譲って
退いてしまうのだが
今年の多喜ちゃんは
退かないらしい
なーん
ボクちゃん
ごめん
ご覧のとおり
満席です
うれしい
メチャヤバイ
カワイイ♡

あかーん
それはこっちのセリフ――!!
重い
〆切ヤバイ
でもうれしい♡
カワイイ♡
みんニャガキねっ
抱っこ抱っこって
フンッ
水玉
水玉も乗りたかった?
誰が乗るもんですか!!
ケッ
すっ
でも

THE☆猫
ハイハイ
目つき…
ゴロゴロゴロゴロ
ニャでさせてあげてもいいわよ
そういや福ちゃん見かけないけどどこだ？
いつのまにか多喜ちゃんと入れ替わってる!!
じゃあ多喜ちゃんは？
抱いてた!! しっかりと
!?
ぴぎゃんっ
びよんっ

がし，
ナイスキャッチ☆
そんなワケで
こ…これは……
誰か写真撮って——!!!
5匹って新記録——っ
重いけど
最高♡
自慢♡♡
順番待ち～ズ
ガキばっか
もはや仕事なんてどうでもよくなるのであった

♫～
柿ペー
!!
柿ペー
その22. 縁起がいい日❤
トリプルでシンクロしとる!!

うふふ 今日は縁起が いいなぁ♡
——って 福ちゃんいつのまに 乗ってるの⁉
ゴロロー
柿ぺー
柿ぺー
ん？
福ちゃんまた 鼻クソ 詰まってるよ
どれ 取りましょ
ほじ
ほじ
取れたっ デカ!!!
スピー
スッキリ♡

スバラシイ☆
しばらく飾っておこう♡
拝っ
アホらし
水玉の渦巻き抜け毛!!
まん中に穴が開いてるの
!!
これはレアな抜け毛なんだよ
ラッキー♡
正座
パグッ
!!

ちょっお茶目
これ食べ物じゃ
ないよっ!!
つまんだもの
なんでも
食べ物と思う
パグめ!!
べちゃ～
フンッ
あっ!!
福ちゃんの
鼻クソがっ
ああっ
トリプル
シンクロが!!
どーん
縁起のいいモノ
全部ぶち壊し
じゃん
お茶目ー!!
おおおっ!!

スゴイ!!
完ペキな
コンプリート!!
全員カメラ目線っ
カシャ
やっぱ今日は
縁起がいいぜ☆

ことごとく
お茶目〜〜〜っ
ガク
たたー
んんぶんー〜
!
立ってる…!!
茶柱的に
やっぱり
今日は
縁起が
いい日♡
ホント
アホらしっ

!
すっ
ぐぉ〜
ギョロ
ギョロ
ピク
ピク
びしっ
優勝
パグが
変顔選手権
第1位なのは
有名ですよね？
（今、ワタシが決めたんだけど）
その23. 変顔フェスティバル

だるまさんが
転ん……
だっ!!
バッ
お口が ムングっ
だるまさんが…
転んだっ!!!
バババッ
だるまさんが――…
転んだ――!!
んバッ
見るたび違う顔してるってスゴくないですか!?
しかも近づりてきてるし

イヤ〜
やっぱパグ
スゴイわ〜
相変わらず
ナチュラル
スムーズに
抱っこしてくるねェ
ボクちゃん
ん〜？
猫ってあまり
表情変わらない
イメージだったん
だけどな…
ん？
ゆ、優勝!!

ドーン
なんにも
してないけど
雨ちゃん
優勝!!!
うっ
なんか
まぶし…
めっちゃ
イケメン♡
きゅうん

ぶんちゃん
アンタいつの間に
そんな色っぽい
表情（カオ）できるように
なったの…っ
あ〜〜〜
もっと見て
いたいけど
ちょっと
トイレ
最近の
ぶんちゃんの
ブームは
飼い主の
トイレ見学
なのだが
さすがに
恥ずかしいので
戸を閉める…
ガラガラ
…けど
ガリガリされたら
困るので少し
開けておいたら
見せて〜
断る
うにょ――っ
じじじ

ぶははははっ
やだ
ぶんちゃんっ
スゴイ顔に
なってるよっ!!
ぐぐ
さっきのイケメンはどこへ?
ちょっ
待って
カメラ
カメラ
今日の変顔
優勝は
ぶんちゃんだわっ
カシャッ
あ〜ん
インカメラ…
思いがけず
優勝候補に
飼い主も
エントリー
されちゃったので
あった

ゴォオオオ
ストーブ
その24. 似ちゃうよね～
双子…?
ゴォオオオォ

うとうとー…
ソックリ
かわいーー♡
ウフフ
!!
びしっ
三つ子!?
なに
見てるの!?

すっ
おーーっ
水玉っ
こっち
おいでっ
もうこうなったら
四つ子になろうぜ☆
ホラ
四つ子に…
ならない!!
ぽよよーーん
びしっ
水玉は
水玉のまま!!

さすが水玉ブレないな…
キャラが
わん
犬?
わんん〜〜❤
色っぽい犬?
くね
くね
ボクちゃんそれ犬の鳴き方だよ
わ〜ん?
お茶目から教わったの?
呼んだ?
ホラ本家きちゃったよ
ザムッ!

びょんっ
ずどん
猫の着地する音じゃないよね
てち てち てち てち
何そのなかよしキャットウオーク

一緒に暮らしてると似てくるものなのかねェ
むち
むち
むち
そういや飼い主と似てるってパターンもあるよねー
え まさか
ワタシも似てるとか思われてないよね…？
は？
ソックリだよ
ガーン
…だそうです
フクザツ…

その25. ザワつかせてスミマセン

股関節が――…
股関節が――…
最近これしか言ってない
そろ～り
そろ～り
こっちに来るニャー!!
ふ～ん
もうなにも驚かない17さい
知ってますか
股関節痛いとお風呂で足のウラ洗えないんですよ
足上がらないっっ
届かない!!
座ったら立ち上がるのめっちゃ時間かかるんですよ
こかんせつ…
ぐぐぐぐぐ
おびえるブーフーウー
むく――…
も…少しで立ち上が…
ひじもイタイ
のしっ
のし のし のし

多喜ちゃ…
でもスキ♡
ザワ
ザワ
ザワ
ザワ
どんっ
わざわざ近くでザワつかないで!!
ジャマ!!
コワイならあっちいって!!
つーか慣れてっ
よろろ…
よろ
こっちくんなー

うお
こかんせつが……
股関節痛い飼い主にまたいでいけと!?
トイレが2階なの
ザワ
ザワ
こかんせつー…
よた
よた
!
あ お茶目のゴハンの時間か…
ギラ
ギラ
ゴハン

んーーっ
股関節痛いから
ゆっくり準備
させて
ぴょん
ぴょん
ね!!
どどんっ
股関節は――
ヤメテ――…
どーん
どーん
ガツ
ガツ
ガツ
よろ
よろ…
!

アタシたちをまたいでお行き!!
股関節ムリ…
よろ よろ〜…
ふし〜
のしっ
股関節……
「それじゃ治らないですね」って整骨院でいわれました

ひぐちにちほ × PUG STYLE店主 ヨウイチ パグLOVE対談

――まず最初に、おふたりの出会いのきっかけは？

ひぐち　初めてお会いしたのは、つい最近ですよね。

ヨウイチ　インスタ上で保護犬のことでやりとりをしてから、1週間くらいでお会いすることになったんですよね。でも僕は20年以上前から『小春びより』を読んでいて、ひぐちさんのことは知っていましたよ。

ひぐち　実は私も、パグ友が「パグスタイルっていう、新潟にあるパググッズのお店にいってきた」と、お土産にてぬぐいをもらって、それがすごくかわいくて。その時にパグスタイルさんのインスタをフォローしてからずっと、チェックしていました。

――ヨウイチさんは、パググッズのお店もやりつつ、保護犬のための活動もされているんですよね。

ヨウイチ　実は僕の家は先祖代々着物屋なんですよ。パグのグッズとしては、最初はてぬぐいだけを作って売っていたのですが、今から5年くらい前に、もっとほかにもグッズを作りたいなと思って広げていった感じです。保護犬の活動といっても、僕がやっているのは一時預かりのボランティアで、繁殖場などから保護されたパグやフレブルを一時的に預かって、里親さんを探すお手伝いをしています。

――おふたりがパグと出会ったきっかけは？

ひぐち　当時高校生のヤンキーだった弟が突然「パグを飼いたい」っていい出して、「パグって何!?」というところから始まりました。弟がバイト代をはたいて黒パグの男の子のしょー君を迎えて、そこからどんどんパグにハマっていった感じですね。次に、しょー君のお嫁さんになったらいいね、と迎えたのが黒パグの小桃で。でも小桃は犬嫌いだったので、子供が生まれるということはなかったんですけど（笑）。そのあと私がひとり暮らしをすることになって初めて飼ったのがフォーンの女の子の乙女で、その次がお茶目ですね。

ヨウイチ　僕が初めてパグを飼ったのは18歳の時で、当時付き合っていた今の妻とふたりで新潟で行われたペットショーを見にいったらパグがいて、そこで運命的な出会いをしてから約30年間ずっと、パグと一緒に暮らしています。最初の子はトマトという女の子で、そのあとも小梅、小麦と女の子が続き、現在は男の子のトマと、女の子のトコ、コト、ナナの4匹を飼っていて、保護された子を一時預かりしている時は5～6匹になることもあります。

――飼われている子と保護された子は、みんな一緒に生活しているんですか？

ヨウイチ　一緒ですよ。一時預かりだからといってケージに入れておくのは絶対にイヤで、預かっている期間だけでもうちの子として育てたいと思っていて。毎朝トイレ渋滞で大変ですけどね（笑）。

――おふたりが思う、パグの魅力は？

ひぐち　全部かわいいですよね！　ウンチまでかわいいというか。パグっぽいな、と思うウンチをするんです（笑）。とにかく何をしてもかわいい。かわいいしか出てこないですね。

ヨウイチ　僕もそう思ったんだけど、でもそれってきっと、プードルやチワワを飼っている人も同じこと思うよね（笑）。

ひぐち　たしかに（笑）！

ヨウイチ　パグってなんか、人間くさい気がするよね。いびきをかいたり、白目を出したり、だらけていたり。そういうところがいいなと思いますね。

――逆に、パグのここが困る！　というところは？

ひぐち　食いしん坊すぎるところですね。食べ物のことになると冷静さを失ってしまうというか。

ヨウイチ　うちの子はそんなことない気がします（笑）。

ひぐち　え!?　食いしん坊はお茶目だけですかね!?　すごいんですよ。フードを持っていると、手ごと食べそうな勢いで奪っていくんです。

ヨウイチ　今までほかの子はどうだったんですか？

ひぐち　乙女もそうだったんですよ。普段はおとなしい子なのに、ご飯になるとひょう変して。だからパグって食いしん坊だなあって思ってたんですけど（笑）。じゃあ、ヨウイチさんのところは平和でいいですね。

ヨウイチ　平和ではありますけど、4匹いるとご飯の消費量がハンパないです。尿路結石防止用、シニア用、ダイエット用……ってそれぞれが違うご飯な上、野菜やササミを煮たものをあげたり……ってやっているから、大変ではありますね。あとこの間パグ友さんから「パグって全犬種の中で一番毛が抜けますよね」っていわれて、たしかにとは思いました。実際、4匹分の抜け毛で毎朝すごいんですよ。

ひぐち　耳の中にも毛がすごいたまりますよね。先日もお茶目の耳掃除をしてもらいに病院へいったんですけど、なんでパグって耳の中からこんなに毛が出てくるんだろう？　って……。

ヨウイチ　いや、出たことないけどな……？

ひぐち　え!?　そうですか!?　うちは乙女の時もそうでした。病院の先生も「パグはよく耳の中から毛が出てくるなぁ」っていってました。でも正直うちは猫の抜け毛のほうがすごいので、パグの抜け毛のすごさはよくわからないです（笑）。

――「パグ好きさんあるある」ってあるんですか？

ひぐち　車のナンバーに「89（パグ）」が入っていることですかね。

ヨウイチ　もちろん僕の車にも入っています。以前ミニクーパーに乗っていた時に、ナンバーを「3289（ミニパグ）」にしてたんですよ。でも、ミニクーパーに乗っている人って「3298（ミニクーパー）」にしていることがすごく多くて、なんだか数字を間違えた人みたいになっているな、っていう時がありました（笑）。

――今までたくさんのパグに出会ってきて、一番印象に残っている子は？

ひぐち　私はしょー君ですね、やっぱり。8歳の時、心臓発作で突然亡くなってしまったので。朝起きたらパタっと……。すごく甘えん坊だったし、初めて飼ったパグということもあって、パグといえばしょー君という感じがしますね。

ヨウイチ　やっぱり最初の子ですよね。僕も一番印象に残っているのはトマトです。トマトも9歳で急に亡くなってしまって。当時は今みたいにご飯の知識も病気の知識もなさすぎて、もっとやれることがあったんじゃないかと、今でも後悔の思いが強いんですよ。

――いつかくるお別れはどう乗り越えていますか？

ひぐち　ほかの子たちに助けられているというのはありますね。

ヨウイチ　完全に気持ちを切り替えられるわけじゃないけど、ほかの子たちがいるから耐えられるというのはたしかにありますね。最初の子が亡くなった時は、看取るのが初めてだったから本当にどうしたらいいかわからなかったけど、2番目の子の時はペースト状にしたご飯を夫婦で1時間ごとにあげたり、オムツを替えたり、最後のほうはずっと介護が続いて大変だったけど、この子にできることは全部やったと思えたことがよかったというか。せいいっぱい面倒を見ることができたと思えることが大事なのかなと思います。

――亡くなったあとに新しい子を迎えるというのも、悲しみを乗り越えるには有効でしょうか？

ヨウイチ　それは人それぞれの考えですね。それに、新しく飼う子がシニアになる時、自分の年齢がどうなのか、ちゃんとお世話ができるのかどうかも重要ですね。

ひぐち　そうですね。私がもし今後新しい子を迎えるとしたら、猫は20年くらい生きるから無理だなと思っていて。ある程度年齢のいった保護犬なのかなと思っています。

ヨウイチ　たしかに、7～8歳くらいの保護犬の子を迎えるというのはいいかもしれません。お別れがすぐきてしまうのではということが頭をよぎりますけど、それよりも檻の中からやっと救い出せた、ここからの人生を絶対に幸せにしてやろうって思いますよね。僕がパグの保護犬を預かったというと、「血統書がついていても捨てる人がいるんですね」とか「パグの野良ちゃんっているんですね」というかたがいるんですけど、保護犬＝野良犬っていうイメージがまだまだ強くて、繁殖場からのレスキューもあるんだということが知られていないんですよね。もっともっと保護犬のことを知ってほしいと思っているんですけど。

ひぐち　私もこれから、保護犬のことがもっと世の中に知られて、減っていくような何かができたらいいなと思っています。

――では最後に、お互いが描く「パグとの未来」を教えてください。

ひぐち　ずっとパグと一緒だと思いますね、やっぱり。あと、ヨウイチさんを見ていると、もっとパグに対して熱くならなきゃと思います（笑）。

ヨウイチ　まだパグが世の中に認知される20年以上前から、パグひと筋で漫画を描きつづけているひぐちさんは本当にすごいですよ。パグ好きさんの中での認知度は100％ですからね。この先もどこまで描きつづけてくれるのか楽しみです。

ひぐち　私も、ヨウイチさんがこの先どんなパググッズを展開してくれるのか楽しみです。

ヨウイチ　自分の今の年齢を考えると、この先あとどのくらいパグと暮らせるのだろうと思う反面、保護犬に関わるようになったことで、この先もたくさんのパグと出会えるんだろうな、遊べるんだろうなと思っています。そしていつか、パグの神社も造ってみたいと思っていて。

ひぐち　それはぜひ造ってほしい！楽しみです！

ヨウイチ　これからもお互い、パグひと筋なことは間違いないですね！

ヨウイチさんProfile

新潟市でWa's Style（ワズスタイル）という着物レンタルショップをやりながら、店内にPUG STYLE（パグスタイル）というコーナーを作りオリジナルパググッズの製作販売をしている。現在は３匹のパグが看板犬として店頭におり、全国からパグ好きさんが訪れている。

公式HP　https://wasstyle.com/pug-style/
公式ネットショップ　https://wasstyle.theshop.jp/
Instagram　@pugstyle41

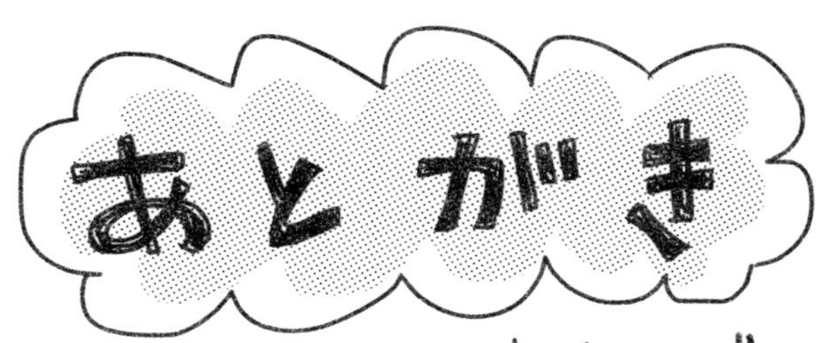

おかげさまで ウチパグも
3巻まで 出させていただきました。
みなさま ありがとうございました!!

ウチのパグは猫である。3.

2023年８月20日初版第一刷発行

著者　ひぐちにちほ
発行人　今 晴美
発行所　株式会社ぶんか社
〒102-8405　東京都千代田区一番町29-6
TEL 03-3222-5125（編集部）
TEL 03-3222-5115（出版営業部）
www.bunkasha.co.jp
装丁　川名潤
印刷所　大日本印刷株式会社

ISBN978-4-8211-4665-9

初出一覧
『本当にあった笑える話スペシャル』
2021年４～12月号
2022年１月号
増刊『主任がゆく！スペシャル』
vol.167 ～ 181
※本書は上記作品に描き下ろしを加え、
構成したものです。

ひぐち家のゆかいな仲間たち 写真館

安心してください、出てませんよ!

てんちゃんと毎朝恒例のパラリラ〜★

犬はキライなのよ…
お茶目LOVE〜♥
安定の片思い…!

白髪が増えてお茶目もシニア犬の仲間入り♥

アフロがお似合いだねっ!

ひぐち家のゆかいな仲間たち 写真館

どっちが福ちゃんで
どっちがぶんちゃんでしょうクイズ〜

（正解：左が福ちゃん、右がぶんちゃん）

シンクロだ寝❤

お茶目のマユ毛どこいった…？

現在のマユ毛担当
雨ちゃんです★

さくらんぼ
ムキョキョッ！

苺ムキョッ！

箱入りイケメン
息子です❤

年を感じさせない
美しさ…！

仲良し姉妹だ寝〜

年をとっても変わらない
まん丸さ…！

ヨーグルトレディーでございます★

ちょっ…やめニャさい！

お茶目も食べる〜

変顔選手権開催中〜

エントリーNo.1：福

エントリーNo.2：親分

すやすやだ寝〜❤

雪でも元気におさんぽ★

ブルブルッ

甘え方が独特な
雨ちゃんです…

酔っぱらいカナ!?

風ちゃん驚異の
ジャンプ力!!

奇跡の

9匹いると
大変です…

顔小さっ! 足長っ!!
さすが令和猫!?